选材版

突破经典家装案例集

TUPO JINGDIAN JIAZHUANG ANLIJI

突破经典家装案例集编写组/编

隔断、顶棚

对于每个家庭来说，家庭装修不仅要有好的设计，材料的选择更是尤为重要，设计效果最终还是要通过材质来体现的。要想选到又好又适合自己的装修材料，了解装修材料的特点以及如何进行识别、选购，显然已成为业主考虑的重点。“突破经典家装案例集”包含了大量优秀家装设计案例，包括《背景墙》《客厅》《餐厅、玄关走廊》《卧室、书房、厨房、卫浴》《隔断、顶棚》五个分册。每个分册穿插材质的特点及选购等实用贴士，言简意赅，通俗易懂，让读者对自己家装风格所需要的材料色彩、造型有更直观的感受，在选材过程中更容易选到称心的装修材料。

图书在版编目（CIP）数据

突破经典家装案例集 ：选材版. 隔断、顶棚 / 突破经典家装案例集（选材版）编写组编. — 北京 ：机械工业出版社，2015.3
ISBN 978-7-111-49688-5

Ⅰ. ①突… Ⅱ. ①突… Ⅲ. ①住宅－隔墙－室内装修－装修材料②住宅－顶棚－室内装修－装修材料 Ⅳ. ①TU56

中国版本图书馆CIP数据核字(2015)第052906号

机械工业出版社（北京市百万庄大街22号 邮政编码 100037）
策划编辑：宋晓磊 责任编辑：宋晓磊
责任印制：乔 宇 责任校对：白秀君
保定市中画美凯印刷有限公司印刷

2015年4月第1版第1次印刷
210mm × 285mm · 6印张 · 195千字
标准书号：ISBN 978-7-111-49688-5
定价：29.80元

凡购本书，如有缺页、倒页、脱页，由本社发行部调换
电话服务 网络服务
服务咨询热线：(010)88361066 机工官网：www.cmpbook.com
读者购书热线：(010)68326294 机工官博：weibo.com/cmp1952
(010)88379203 教育服务网：www.cmpedu.com
金书网：www.golden-book.com

Contents
目录

隔　断

客厅顶棚

餐厅顶棚

卧室顶棚

选材版

烤漆玻璃的特点

烤漆玻璃是一种极富表现力的装饰玻璃品种，可以通过喷涂、滚涂、丝网印刷或者淋涂等方式来体现。烤漆玻璃在业内也叫背漆玻璃，制造方法是在玻璃的背面喷漆，然后在 30~45℃的烤箱中烤大约 12小时。烤漆玻璃色彩多样，施工简单，还可定制图案，是近年来运用比较广泛的装饰材料之一。烤漆玻璃最适合用于简约风格和现代风格的居室环境，根据需求定制图案后，也可用于混搭风格和古典风格。

黑色烤漆玻璃

混纺地毯

白色玻化砖

胡桃木装饰立柱

白枫木窗棂造型隔断

彩色釉面墙砖

密度板雕花隔断

无纺布壁纸

密度板造型隔断

白枫木装饰线密排

黑色烤漆玻璃

有色乳胶漆

纯纸壁纸

米色亚光玻化砖

密度板雕花贴清玻璃

灰白色网纹玻化砖

人造石踢脚线

密度板雕花隔断

纯纸壁纸

实木造型隔断

有色乳胶漆

白枫木装饰立柱

白枫木窗棂造型隔断

实木装饰立柱

钢化玻璃

桦木饰面板

白枫木窗棂造型隔断

白色玻化砖

文化砖

强化复合木地板

黑胡桃木窗棂造型隔断

彩绘玻璃的特点

彩绘玻璃是将玻璃烧溶后，加入各种颜色，在模具中冷却成型制成的。此种玻璃的面积都很小，价格较贵。其色彩鲜艳，装饰效果强，有别具一格的造型、丰富亮丽的图案、灵活多变的纹路，抑或展现古老的东方韵味，抑或流露西方的浪漫情怀。可以根据需求定制图案，可做拉门、屏风，也可镶嵌于门板、桌面或墙面中。

彩绘玻璃

石膏板拓缝

大理石踢脚线

白色玻化砖

实木地板

白枫木窗棂造型隔断

米色玻化砖

强化复合木地板

黑胡桃木造型隔断

车边银镜吊顶

雕花热熔玻璃

胡桃木窗棂造型隔断

实木地板

泰柚木窗棂造型隔断

直纹斑马木饰面板

混纺地毯

密度板雕花隔断

大理石踢脚线

密度板造型隔断

装饰灰镜

手绘墙饰

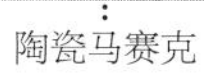

陶瓷马赛克

实木雕花隔断

米黄色亚光玻化砖

强化复合木地板

木质搁板

密度板雕花隔断

手绘墙饰

米色亚光玻化砖

装饰灰镜

陶瓷马赛克

雕花银镜

仿古砖

艺术玻璃的特点

艺术玻璃是以玻璃为载体，加上一些工艺美术手法，使现实、情感和理想得到再现，再结合想象力实现审美主体和审美客体的相互对象化的一种物品。我们常用到的雕刻玻璃、夹层玻璃、压花玻璃等都属于艺术玻璃的范畴。艺术玻璃款式、花色多样，具有较强的多变性。艺术玻璃涵盖了所有具有特殊装饰效果的玻璃品种，根据图案和工艺的不同，适用于不同风格的室内空间。大多数带有加工工艺的艺术玻璃都可以进行图案的订制，充分展现其特有的个性装饰。

雕花茶色镜面玻璃

陶瓷马赛克

雕花茶色玻璃

车边灰镜

钢化玻璃搁板

植绒壁纸

胡桃木窗棂造型

密度板雕花隔断

布艺软包

植绒壁纸

磨砂玻璃

冰裂纹玻璃

木质踢脚线

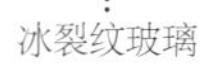

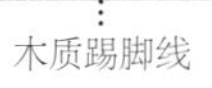

车边灰镜

红砖

强化复合木地板

植绒壁纸

密度板造型隔断

纯纸壁纸

密度板造型贴灰镜

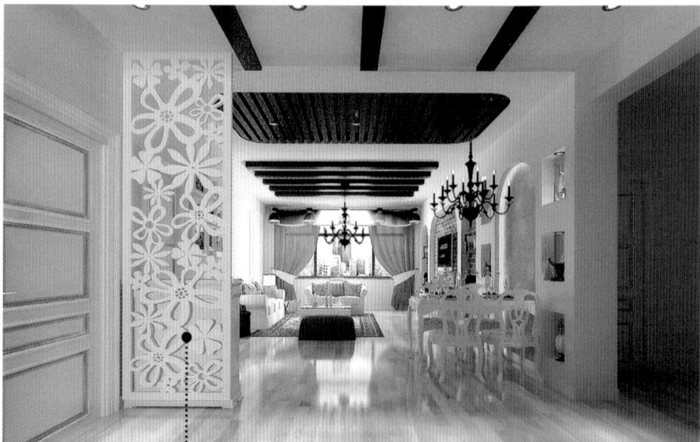

密度板雕花隔断

黑胡桃木装饰立柱

黑金花大理石波打线

白枫木格栅

植绒壁纸

不锈钢条

密度板造型隔断

冰裂纹玻璃

木质窗棂造型隔断

植绒壁纸

雕花黑镜

PVC壁纸

冰裂纹玻璃

强化复合木地板

选材版

钢化玻璃的特点

钢化玻璃属于安全玻璃，它是一种预应力玻璃。为提高玻璃的强度，通常使用化学或物理的方法，在玻璃表面形成压应力，玻璃承受外力时首先会抵消表层应力，从而提高其承载能力，增强玻璃自身的抗风压性、寒暑性、冲击性等。钢化后的玻璃不能再进行切割和加工，因此玻璃在钢化前就要加工至需要的形状，再进行钢化处理。所以若计划使用钢化玻璃，则需测量好尺寸后再购买，否则很容易造成浪费。

密度板雕花隔断

白枫木窗棂造型隔断

纯纸壁纸

密度板雕花隔断

文化砖

拉丝钢化玻璃

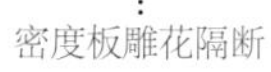

密度板雕花隔断

车边银镜

雕花磨砂玻璃

车边银镜

米色大理石

密度板雕花隔断

密度板造型隔断

雕花清玻璃

白枫木窗棂造型隔断

密度板雕花隔断

中花白大理石

米色玻化砖

彩绘玻璃

茶色烤漆玻璃

彩绘玻璃

米色亚光玻化砖

水晶珠帘隔断

白枫木装饰线

纯纸壁纸

密度板雕花隔断

红樱桃木饰面板

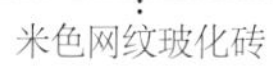
米色网纹玻化砖

装饰银镜

强化复合木地板

白枫木窗棂造型

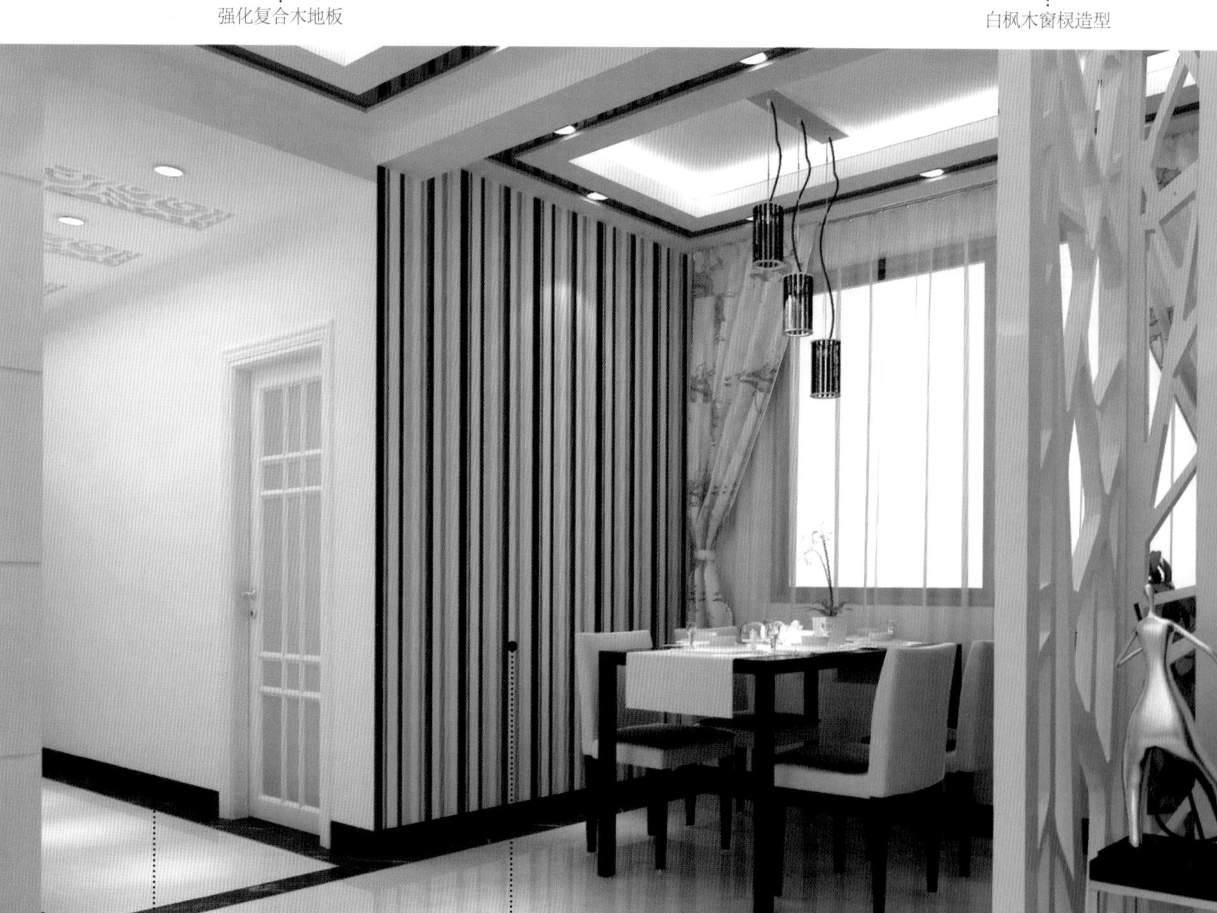

人造石踢脚线

纯纸壁纸

玻璃砖的特点

玻璃砖是用透明玻璃料或颜色玻璃料压制成型的体形较大的玻璃制品。其品种主要有玻璃空心砖、玻璃实心砖。在多数情况下，玻璃砖并不被作为饰面材料使用，而是作为结构材料，用于墙体，或作为屏风、隔断等。

玻璃砖隔断

密度板造型隔断

木质踢脚线

米色玻化砖

木纤维壁纸

实木窗棂造型隔断

密度板雕花隔断

车边银镜

白枫木窗棂造型

水晶装饰珠帘

密度板雕花隔断　木质踢脚线

米色玻化砖

陶瓷马赛克

米色玻化砖

密度板雕花隔断

米黄色玻化砖

软木地板

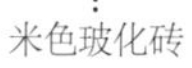

米色玻化砖

木质装饰线混油

磨砂玻璃

彩绘玻璃

米黄色亚光玻化砖

白枫木百叶

密度板雕花隔断

红樱桃木格栅

大理石踢脚线

有色乳胶漆

纯纸壁纸

车边银镜

什么是细木工板

细木工板俗称大芯板，是由两片单板中间胶压拼接木板而成。中间木板是由优质天然的木板经热处理（即烘干室烘干）以后，加工成一定规格的木条，再由拼板机拼接而成。拼接后的木板两面各覆盖一层优质单板，再经冷、热压机胶压后制成。

陶瓷马赛克拼花

红樱桃木窗棂造型隔断

木质装饰立柱

磨砂玻璃

密度板雕花隔断

红樱桃木饰面板

密度板拓缝

白色玻化砖

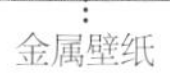

金属壁纸

密度板树干造型隔断

雕花茶镜

木纹大理石

伯爵黑大理石

米黄色网纹玻化砖

白枫木饰面板

木质踢脚线

胡桃木窗棂造型

木纹玻化砖

植绒壁纸

黑胡桃木装饰立柱

木质踢脚线

强化复合木地板

白色乳胶漆

白枫木装饰立柱

强化复合木地板

米色玻化砖

车边银镜吊顶

车边银镜

木质踢脚线

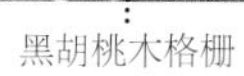

黑胡桃木格栅

米色亚光玻化砖

直纹斑马木饰面板

米黄色亚光玻化砖

钢化玻璃立柱

石膏板的挑选

优质纸面石膏板的纸面轻且薄，强度高，表面光滑，没有污渍，韧性好。劣质板材的纸面厚且重，强度差，表面可见污点，易碎裂。高纯度的石膏芯主料为纯石膏，而低质量的石膏芯则含有很多有害物质。从外观看，好的石膏芯颜色发白，而劣质的则发黄，颜色暗淡。

石膏板吊顶

石膏板浮雕

艺术墙砖

布艺软包

浅灰色人造大理石

银镜装饰条

密度板雕花

雕花银镜

木质装饰横梁

仿古砖

浅咖啡色网纹大理石

米色玻化砖

石膏板浮雕吊顶

石膏板浮雕吊顶

密度板雕花贴灰镜

文化石

仿古砖

仿古砖

白松木板吊顶

木纹大理石

植绒壁纸

胡桃木装饰横梁

米色玻化砖

爵士白大理石

石膏板格栅吊顶

木质装饰线描金

木质装饰线描银

布艺软包

皮革软包

实木雕花描金贴银镜

木纹大理石

PVC壁纸

选材版

装饰角线的挑选

装饰角线用于天花板与墙面的接缝处，在空间整体效果上来看，其能见度不高，但是对增加室内层次感起着重要的作用。早期的装饰角线以石膏线或者木线为主，但是存在一定的缺点，石膏线不易施工，木线易受虫蛀。目前的装饰角线多以防虫、防蛀、防火的PU装饰线应用为主。虽然装饰角线的使用部位距离视线比较远，但其质量好坏仍会影响室内整体效果。若装饰角线的接合处出现明显的缝隙或者不能完全贴合于墙面，则说明其品质较差，不宜购买。

石膏装饰角线

陶瓷马赛克

石膏装饰角线

石膏格栅吊顶

PVC壁纸

爵士白大理石

仿古砖

红樱桃木窗棂造型

石膏板浮雕吊顶

植绒壁纸

纯纸壁纸

中花白大理石

石膏浮雕吊顶

车边银镜

黑镜装饰线

石膏装饰浮雕

有色乳胶漆

金属壁纸

金属壁纸

浅绯色红网纹玻化砖

黑金花大理石饰面垭口

米色玻化砖

红樱桃木百叶

米黄色大理石

仿古砖

绯红色网纹大理石

水曲柳饰面板

艺术地毯

爵士白大理石

红樱桃木饰面垭口

泰柚木饰面板

米色大理石

黑金花大理石波打线

选材版

硅酸钙板的挑选

在选购硅酸钙板时，要注意看其背面的材质说明，部分含石棉等有害物质的产品会对人体造成危害。一流的生产商会针对客户使用过程中可能遇到的问题进行周全考虑，制定相关售后服务，彻底解决使用者的后顾之忧。硅酸钙板在外观上保留了石膏板的美观，但在重量方面大大低于石膏板，强度高于石膏板，改变了石膏板易受潮、易变形的缺点，延长了板材的使用寿命；而且在隔声、保温方面均优于石膏板。硅酸钙板的功能比较强大，可弯曲，能够做出各种不同的造型。

车边灰镜

陶瓷马赛克拼花

石膏装饰线

爵士白大理石

仿大理石砖

装饰灰镜

米色亚光玻化砖

密度板雕花隔断

车边银镜

白色玻化砖

绯红色网纹大理石

黑色烤漆玻璃吊顶

仿木纹墙砖

爵士白大理石

米白色洞石

密度板雕花吊顶

皮革软包

个性瓷片拼花

白桦木饰面板

银镜装饰条

胡桃木装饰横梁

米色玻化砖

米黄色大理石

黑白根大理石

白枫木饰面板

陶瓷马赛克

金属壁纸

白色玻化砖

植绒壁纸

实木地板

石膏装饰线

石膏浮雕装饰角线

吸声板的挑选

1.吸声板旨在吸声，所以吸声效果是选择吸声板的第一要素。

2.环保等级低的吸声板不仅会造成环境的污染，而且长期使用会渐渐危害到人体。所以在选择吸声板时，环保也是一个不可忽视的标准。

3.看吸声板是否易安装。消费者应尽量选择易于安装的吸声板，这样才能大大减少安装人员的失误，使隔声效果接近理想值。

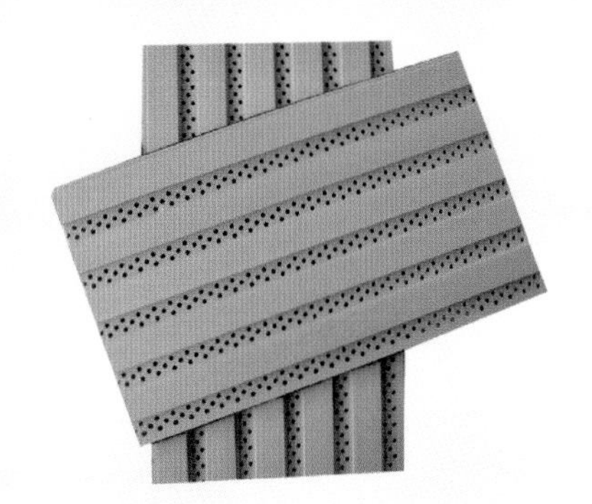

米色玻化砖

仿木纹墙砖

装饰灰镜

金属壁纸

混纺地毯

车边银镜

植绒壁纸

米色网纹亚光玻化砖

黑白根大理石波打线

装饰银镜

红松木板吊顶

羊毛地毯

轻钢龙骨装饰横梁

横梁是房间的“骨架”，关乎建筑安全，是绝对不能拆除的，也不能随意在横梁上打洞或开槽。可以用轻钢龙骨进行装饰，轻钢龙骨是以优质的连续热镀锌板带为原材料，经冷弯工艺轧制而成的建筑用金属骨架，多用于以纸面石膏板、装饰石膏板等轻质板材做饰面的非承重墙体和建筑物屋顶的造型装饰。

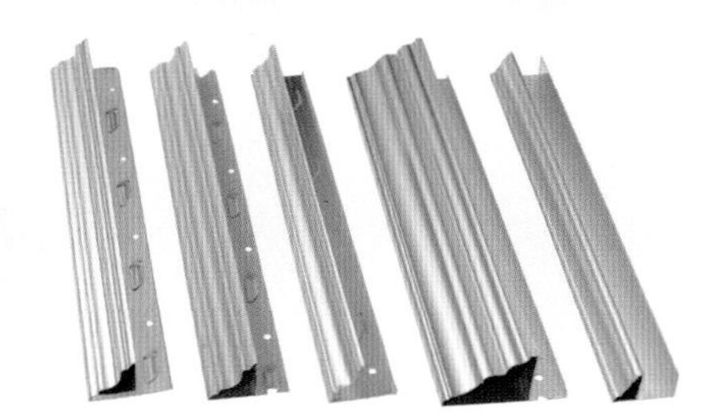

仿古砖

石膏板异形吊顶

木纤维壁纸

纯纸壁纸

陶瓷马赛克

银镜装饰线

密度板拓缝

灰镜烤漆玻璃

纯纸壁纸

雕花茶镜

胡桃木百叶

木质装饰横梁

白枫木格栅吊顶

绯红色网纹大理石饰面垭口

仿木纹墙砖

人造石踢脚线

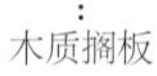

木质搁板

车边银镜

红松木板吊顶

PVC壁纸

车边茶镜

中花白大理石

车边银镜吊顶

深咖啡色网纹大理石波打线

胡桃木格栅吊顶

榉木饰面板

黑金花大理石饰面垭口

胡桃木装饰横梁

仿古砖

黑胡桃木饰面板

装饰银镜

金属壁纸

选材版

木质装饰横梁

房顶的横梁是房间最出彩的地方。木质横梁不仅有装饰功能，还起到一定的切割空间的作用。横线条在简约风格的设计或小户型设计中最为常见。几根简单的横向线条会给人平稳、安定的感觉。横向线条的粗细会产生不同的装饰效果，粗线条显得粗壮、有力，给人以坚固和工业化的感觉；细线条尖锐，略带敏感，能在室内营造出写意、细腻的气氛。

胡桃木装饰横梁

胡桃木角线

红樱桃木饰面垭口

红松木吊顶

金属壁纸

泰柚木饰面板

纯纸壁纸

白色乳胶漆

木质踢脚线

啡金花大理石波打线

白枫木窗棂造型贴银镜

浅咖啡色网纹玻化砖

仿古砖

车边银镜吊顶

金属壁纸

爵士白大理石饰面垭口

有色乳胶漆

密度板拓缝

灰镜装饰条

雕花银镜

胡桃木格栅吊顶

中花白大理石

胡桃木装饰横梁

木纤维壁纸

密度板雕花贴清玻璃

木纤维壁纸

纯纸壁纸

灰镜吊顶

车边灰镜

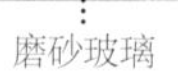

磨砂玻璃

车边银镜吊顶

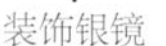

装饰银镜

仿古砖

实木装饰立柱

无论主人的年龄大小，家居的风格古典亦或现代，都可以将木材天然的纹理融入到立柱装饰中，其独特的纹理散发出一种典雅美，蕴含着古朴的天然气质，堪称室内精美的装饰品。实木材质可照顾到居者全方位的感官享受，触感舒适，给人以和谐之感。

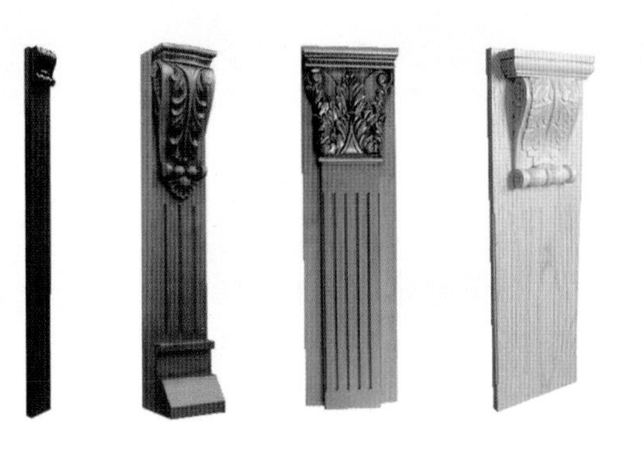

铝制百叶

实木装饰立柱

胡桃木格栅吊顶

磨砂玻璃

雕花银镜

木质踢脚线

金属壁纸

仿古砖

陶瓷马赛克

木纤维壁纸

红樱桃木饰面板

车边银镜

米色网纹玻化砖

泰柚木饰面板

黑镜装饰线

米色玻化砖

磨砂玻璃

木纹玻化砖

红樱桃木窗棂造型

茶红色镜面玻璃

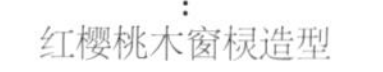

车边银镜

木质搁板

红樱桃木饰面板

啡金花大理石波打线

植绒壁纸

车边银镜吊顶

茶镜装饰线

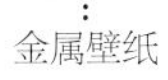

金属壁纸

松木板吊顶

胡桃木装饰横梁

仿古砖

文化石

布艺软包

石膏浮雕吊顶

木质格栅吊顶

木质格栅吊顶不同于其他吊顶工程，属于细木工装修的范畴。木质格栅吊顶是家庭装修走廊、玄关、餐厅及有较大顶梁等空间经常使用的类型。木质格栅吊顶不仅能够美化顶部，同时能够达到调节照明、增加居室整体装修效果的目的。木质格栅吊顶要求设计大方，构造合理，外观美观，固定牢固，材料表面平整，颜色均匀一致，内部灯光布局科学，装饰漆膜完整，无划痕、无污染等。

红砖

木质装饰横梁

红松木板吊顶

白枫木格栅吊顶

白枫木格栅吊顶

白枫木装饰横梁

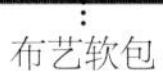

布艺软包

纯纸壁纸

艺术地毯

强化复合木地板

车边银镜

植绒壁纸

木质踢脚线

金属壁纸

皮革软包

胡桃木窗棂造型

石膏浮雕吊顶

木质踢脚线

不锈钢条

装饰茶镜

强化复合木地板

木纤维壁纸

布艺软包

白枫木格栅吊顶

红樱桃木饰面板

泰柚木饰面板

木纤维壁纸

木纤维壁纸

木质踢脚线

木纤维壁纸

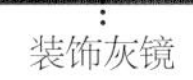

装饰灰镜

纯纸壁纸

装饰银镜

松木板吊顶的特点

用厚实的松木板进行吊顶装饰会，给人以温暖的感觉。因其为实木条直接连接而成，因此比大芯板更环保，更耐潮湿。选购松木板时，应注意木板的厚度是否一致，纹理清晰，还应注意木板是否平整，是否起翘。优质的松木板颜色鲜明，略带红色，若色暗无光泽则是朽木。

纯纸壁纸

皮纹砖

白枫木装饰横梁

松木板吊顶

布艺装饰硬包

艺术地毯

松木板吊顶

纯纸壁纸

雕花银镜

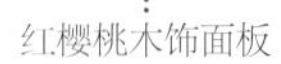

红樱桃木饰面板

白松木板吊顶

雕花银镜

金属壁纸

茶镜装饰线

黑色烤漆玻璃

艺术地毯

布艺装饰硬包

植绒壁纸　　布艺软包

石膏浮雕吊顶

艺术地毯

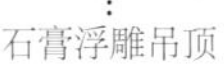

白松木板吊顶

布艺软包

无纺布壁纸

红樱桃木角线

红樱桃木饰面板

银镜装饰线

车边银镜

植绒壁纸

车边茶镜

灰镜装饰条

纯纸壁纸

实木角线的特点

由于有的居室层高比较高，顶层会显得比较空旷，所以可在顶和面之间装饰一圈实木角线，可以选择没有任何造型的，也可选择有花纹的。可根据不同需求选用榉木、柚木、松木、椴木、杨木等实木线条，将其固定在墙角上，然后选择清油、混油或油漆进行涂刷。

直纹斑马木饰面板

胡桃木角线

混纺地毯

白枫木饰面垭口

PVC壁纸

白枫木装饰角线

强化复合木地板

泰柚木饰面板

木纤维壁纸

雕花银镜

布艺软包

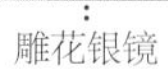

陶瓷马赛克

木质格栅

红松木吊顶

红樱桃木饰面板

艺术地毯

白松木吊顶

无纺布壁纸

强化复合木地板

装饰灰镜

水曲柳饰面板

木质格栅吊顶

布艺装饰硬包

金属壁纸

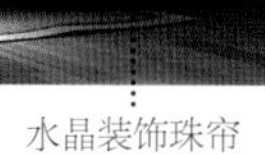

水晶装饰珠帘

白松木板吊顶

石膏装饰角线

纯纸壁纸

雕花茶镜　　布艺软包

红樱桃木格栅贴银镜

艺术地毯

石膏装饰角线

木质装饰线描银